U0257000

‹ 给孩子的动物认知绘本 ›

动物每天都在做什么？

[美]温迪·亨特/著 [南非]穆蒂工作室/绘 陈宇飞/译

青岛出版集团｜青岛出版社

目 录

大自然探索之旅即将开始，你准备好了吗？
一起去了解动物们的日常工作吧！

第2页

珊瑚礁

第15页

沙 漠

第19页

河 流

第6页

热带大草原

第10页

雨 林

第22页

北 极

第26页

高 山

第42页

湿 地

第30页

森 林

第47页

红树林

第50页

深 海

第35页

平 原

第54页

花 园

第38页

热带岛屿

第58页 ·············· 动物名称索引
第60页 ·············· 职业名称索引

这次旅行，我们要去参观 14 种不同的生境 *；参观完每个生境，我们还要采访当地的 8 种动物。接受访问的动物们都出现在所属生境的首页里，而且呈现的是工作时的面貌，你能找到它们吗？

*生境：生物的个体、种群或群落生活地域的环境，包括必需的生存条件和其他对生物起作用的生态因素。

在我们美丽的地球上，有许多形态各异的地方，每个地方都生活着多种多样的动物……它们每天都在做什么呢？

有的生境炎热干燥，漫天灰尘扑面而来；有的生境有蜿蜒起伏的山脉，茂密的常绿森林遮天蔽日；有的生境位于潮间带，那里的动物要不时地接受海浪的冲击……

为了适应生存环境，每种动物都演化成了特定的角色，并且各有其生态功能，这些功能可以让它们更好地生存。

来吧！一起去探索丰富多彩的生境，看看各种各样的动物每天都在做什么。说不定，有些动物的职业会让你大开眼界！

珊瑚礁

阳光透过湛蓝的海水，照射着浅海的珊瑚礁。珊瑚礁的形态很奇妙，有的像桌子，有的像塔楼……五彩缤纷的鱼群游过高高的岩石"拱门"，穿梭在水下的山脉间，在岩石缝里游进游出。

热带珊瑚礁就像座海底的城市，生活在那里的动物们都有自己的工作！

我是海藻农。

我是最佳拍档。

这是海藻种植园，我负责栽种、守护并收获它们，我就是俗称农夫鱼的**黑眶锯雀鲷**（diāo）。

我叫**小丑鱼**，我和海葵有着奇妙的共生关系：受海葵保护，我免受其他大鱼攻击；我也能为海葵抵挡来自鲽鱼等天敌的威胁。

我是牙医。

我是回收员。

我叫**裂唇鱼**。在诊所里，生病的鱼会张大嘴巴，让我们游进它的口腔里——捕捉寄生虫、清除脏东西。

我是吃土长大的：吞食海底的泥沙，消化其中的微生物，再排出干净的沙子来。这就是我们**海参**从事的回收利用工作。

我是
清洁工。

我是
时装设计师。

我叫**海绵**，能把流经我身体的海水过滤干净。厨房里用橡胶或塑料制成的海绵抹布很像我呢！

我叫**装饰蟹**。我常往身上放一些海草和很小的海绵，这样一来，我就不容易被发现了。呜啦啦！

我是铲运工。

我是艺人。

我叫**鹦嘴鱼**，爱啃长有藻类的珊瑚枝，然后排泄出粉沙。它们就是珊瑚礁的新沙！

我可以伪装成狮子鱼、比目鱼、海蛇，甚至水母！我就是神通广大的**拟态章鱼**。

热带大草原

非洲有个国家叫肯尼亚，那里有片一望无际的大草原，高草丛生、树木稀疏。雨季的半年里，大草原一片葱绿，犹如绿色的海洋；旱季的半年里，大草原酷热难耐，草被晒得枯黄。旱季里，动物们虽然很想去别处避暑，但都有工作要做。

我是
景观设计师。

我是剑客。

我叫**大象**，能把树木连根拔起，踩出水坑和泥塘，从而改造大草原的景观。

我叫**白犀**，擅长用锐利的犀角来格斗。我的皮肤像防弹衣一样坚韧结实。

我是
短跑健将。

我是
夜班园丁。

我叫**猎豹**，善于奔跑，能在3秒之内提速到每小时100多千米。我可比世界上跑得最快的狗（灵缇犬）快多了！

我叫**河马**。我白天泡在水里休息，保护身体不被晒伤，夜里则外出觅食，同时修剪花草树木。

我是治安员。

我叫**蛇鹫**（jiù），是蛇类的克星。我是怎么对付蛇的呢？我除了用爪踩，还会用喙啄。

我是国王。

这儿的动物都得听我的！我叫**狮子**，是高居食物链顶端的王者。

我是哨兵。

我叫**长颈鹿**。我一天只睡2小时，绝大多数时间是在站岗放哨！

我是笑星。

在肉食动物中，我是个"话痨"，经常会大叫、咕哝和发笑。无论在哪儿，我都引人注目。我叫**斑鬣**（liè）**狗**。

雨 林

　　遮天蔽日的大树，扭曲缠绕的藤蔓，大如脸盘的叶子，连绵不绝的降雨，群起如云的昆虫……这就是婆罗洲热带雨林的写照。这里是"物种的天堂"，动植物的种类比地球上其他任何地方的都丰富。

　　雨林中有很多动物是在夜间、黄昏或黎明时活动的，这些上夜班的动物们从事着不同的工作。

我是
跳远运动员。

我是
咖啡农。

试试看，你能不能跟上我的节奏，一起在树枝间敏捷地跳来跳去？我们**眼镜猴**有时一跃的距离相当于自己身长的40倍！

我叫**麝猫**，爱吃成熟的咖啡果实。它们在我的消化系统里走一遭，再加工后就能变成无比香醇的猫屎咖啡！

我是巡警。

我是音响师。

谁在那儿？竟然有老鼠想偷棕榈果，待我去抓住它！站住，我是棕榈巡警——**豹猫**！

我叫**菲律宾菊头蝠**，能发出人耳无法听到的超声波，利用回声定位在黑暗中捕食飞蛾。

我是
纺织工。

我睡在自己织的睡袋里，这种睡袋里面平滑、外面带刺——我的名字就叫**刺毛虫**。

我是侦察员。

我叫**须野猪**，喜欢在雨林里跑来跑去，四处找猴子。这是为什么呢？因为它们经过的地方可能会落下我最爱吃的水果！

我是密探。

我很享受这种把一切尽收眼底的感觉。我叫**林鸮**（xiāo），能把脑袋旋转180度来观察身后。

我是
伪装者。

我能把自己伪装成落叶！我的真实身份是**山角蟾**（chán），俗称三角枯叶蛙。

沙 漠

你在沙漠里张开嘴巴深呼吸一下：有风时，舌头上恐怕会蒙一层细沙；在中午，估计很快就会觉得口干舌燥。撒哈拉沙漠炎热缺水，但生活在这里的动物们各显神通，竟然把日子过得有声有色。我们去看看它们靠什么谋生吧！

我叫**单峰驼**，很能忍耐饥渴，可以连续几天不喝水而照常赶路。我的脚掌长着肉垫，适于在沙漠中行走。

我叫**东非狒狒**。我喜欢为伙伴修饰头发，也很享受别人给我打理头发。

身为一名**亚洲胡狼**妈妈，我会花6个月的时间教小宝宝生存技巧。

我叫**路氏沙狐**。我吃老鼠和虫子，既保护庄稼，也能让人类少感染疾病。

我是
跆拳道高手。

我叫**鸵鸟**，我的双腿特别强壮有力，
甚至能一脚把狮子踹倒！

我是绅士般的
决斗家。

我们**蛮羊**非常讲礼貌，和同类战斗时，
不等对手准备好是不会开打的。

我是脑外科医师
的助理。

我叫**以色列金蝎**，又称以色列杀人蝎。
目前，研究者们正从我的毒液中提取成分来
制作治疗脑部肿瘤的药物。

我是
天气预报员。

我叫**旋角羚**。我能隔着老远感知
到别处在下雨，然后"顺藤摸瓜"去
找水、觅食。

河 流

密西西比河在美国境内蜿蜒纵横3000多千米，是世界上有名的大河。它的有些河段水流平缓、河面宽广，有些河段水流湍急、河道狭窄……无论河中还是岸边，都有各种各样的动物在辛勤忙碌着。它们各自从事着什么样的工作呢？

我是
工程师。

我是
旅馆老板。

欢迎光临寒舍！我叫**白头海雕**。在所有鸟筑的巢中，我用树枝搭成的巢是最大的。

您喜欢哪间客房呢？我叫**麝鼠**，我的滨水小屋不但可以自住，还能供其他动物留宿。

我是
跳水运动员。

我是
健身专家。

我叫**双冠鸬鹚**（lú cí）。我的翅膀很特别，可以划水，方便我潜入深深的水下找吃的。

我叫**长鳍真鮰**（huí），俗称蓝鮰。别看我刚出生时是个小不点儿，等我长大了，体重甚至能达到45千克以上呢！

我是
徒步旅行者。

我是侦探。

我叫**淡水鳌**（áo）**虾**。大家多喜欢在水里游泳，可我偏爱在河底徒步观景。

我叫**铲鲟**（xún）。我的嘴前长着敏感而灵活的触须，可以用来寻找藏在河床里的食物。

我是
家庭主妇。

我是
游泳运动员。

我叫**林鸳鸯**，喜欢在河边的树洞里给家人营造河景房。

我们**北美水獭**的眼睛上覆着一层天然的保护膜，所以不用戴游泳眼镜也能在水下看清东西！

北极

　　看到"北极"二字，你可能马上联想到北极熊。不过，除了北极熊，这儿还有许多其他的动物。它们不但全都适应了严寒，能在冰天雪地里生活，而且各自掌握了特殊的生存本领，即便暴风雪来袭，也能坚守岗位。

我是
歌唱家。

我叫**白鲸**，会用婉转的歌声跟亲朋好友交流。

我是
超级妈妈。

我的**北极熊**宝宝是全北极最乖的孩子。在我外出捕猎的时候，它们总是老老实实地待在家里。

我是
社交达人。

我叫**虎鲸**，喜欢跟亲朋好友待在一起。我们以鲸群为单位过集体生活。

我是保镖。

我叫**麝牛**。我们照看小家伙都是整个家族齐上阵——当危险来临时，我们就围成"铁桶阵"来保护它们。

我是
日光浴者。

我是
冬奥会选手。

北极这里太冷了！我们**北极灯蛾**经常被冻僵，幸好晒晒太阳后还能飞。

我叫**白靴兔**，长着毛茸茸的长脚。遇到紧急情况时，我要靠它们及时左躲右闪，能跑多快就跑多快！

我是
地道挖掘工。

我是奇装异服
爱好者。

我叫**北极狐**，喜欢挖洞穴，而且年年都要维修、扩展洞穴通道。遇到暴风雪时，我就舒舒服服地待在里面。

记住这身闪闪发亮、黑白相间的"燕尾服"，你绝对不会认错——我就是**环海豹**！

高 山

　　瑞士的阿尔卑斯山上空气稀薄，但仍有不少动物生活在这里。虽然日子过得时好时坏，但它们有的依然奔跑在起伏不平的青草地上，有的仍旧沿着陡崖、岩坡或跳或飞……那么，这个高山地带里有哪些动物在工作呢？

我是
特技表演者。

我叫**金雕**，能在半空中像子弹似的一头扎向猎物。你们可看好喽！

我是
终身伴侣。

我一辈子都和配偶生活在这片位于高山地带的栖息地。我是忠贞不渝的**黄嘴山鸦**。

我是渔夫。

我叫**棕熊**。我会变着花样捕鱼：伸手去抓，原地坐等，潜水捕捞。此外，我还会从别人那里偷鱼。

我是
高空飞行员。

我叫**阿波罗绢蝶**。我在阿尔卑斯山的高海拔花丛间翩翩起舞，比其他任何蝴蝶飞得都高。

我是
背包客。

我是
格斗者。

我叫**狼蛛**，是天生的流浪者。不管捕猎还是散步，我总是随身带着卵袋。幼蛛孵出后，我仍会背着它们活动，至少要经过五六个月。

看到我粗壮弯曲的角了吗？它们是我跟其他**羱**（yuán）**羊**格斗的武器。你听，砰！

我是
美容师。

我是
拳击手。

我叫**阿尔卑斯旱獭**（tǎ）。我和朋友经常坐在地上，互相整理毛发，一弄就是好几个小时。

举起爪子，和我比比拳法！春天的时候，我们**欧洲野兔**个个都是好斗的拳击手。

森林

　　沿着加拿大阿尔伯塔省那连绵起伏的丘陵，错落分布着黑压压的常绿森林，它们肆意地向天空伸展着枝干。无论是树下还是树枝上，都有动物们在忙碌地工作着。泰加林的冬季寒冷而漫长，夏季温暖而短暂，这里的动物们执行着轮班工作制。

我叫**河狸**，我非常清楚需要砍伐什么样的树来修筑水坝、搭建巢屋。

我叫**美洲狮**。我跑得快、跳得高，而且擅长在鹿放松警惕的时候发起攻击。

我叫**鼯**（wú）**鼠**。我的前后肢间长着宽而多毛的飞膜，能帮助我在树和树之间跳跃、滑翔。

我不会主动发射我的刺，不过你要是敢碰我，它们就会脱落下来扎你。别惹我！我叫**北美豪猪**。

我是
领航员。

我是
越野滑雪手。

和亲朋好友一起编队飞行时，我能连续24小时领航2000多千米。我叫**加拿大黑雁**。

我叫**加拿大猞猁**（shē lì）。我那宽大的脚掌上覆盖着绒毛，前端分成几个小瓣儿，使我能在厚厚的积雪上迅速奔跑。

我是
突击队员。

我是"香水"
制作师。

我们**灰狼**个个都是神不知鬼不觉的猎人。每逢集体行动，我们会悄无声息地互发暗号。

我叫**条纹臭鼬**（yòu）。如果被我臭烘烘的"香水"喷到了，你就等着臭上好几天吧！

平原

北美大平原乍看起来空荡荡的。不过，你要是看得稍微仔细一些，就会发现地上有洞和土堆，植物上有虫子在爬；再抬头看看，可能会发现天空中有鸟类扑扇着翅膀匆匆飞过……在这片广阔而多草的平原上，有哪些动物安居乐业呢？

我是
新闻记者。

我是
开路先锋。

我叫**草原犬鼠**。不管是谁经过我们的地盘，我都会发出实时报道，用不同的叫声来区别人类、郊狼和鹰等。

在人类来到北美大平原修道铺路前，我们**美洲野牛**大家族早就在这片土地上行走许多年了。

我是矿工。

我是
编织工。

我是猫头鹰，但不是一般的猫头鹰，我叫**穴鸮**（xiāo）。我喜欢挖洞，住在隐蔽的地下洞穴里。

我叫**红腹跳蛛**，会吐出长长的丝线来织成网状的巢。我平时在巢里过夜，遇到雷雨天气也会躲进去。

我是
长跑健将。

我是
舞蹈家。

我叫**叉角羚**，每天都跑啊跑，跑个不停……我甚至能以每小时40千米的速度连续奔跑好几个小时。

我们**草原松鸡**的求偶舞是一场华丽的表演——既有别致的舞步，又有上下扇动的尾巴，还有嗡嗡的歌声。

我是
收藏家。

我是
飞行员。

我叫**囊鼠**，长着大大的颊囊，可以用来贮存食物。我还有大大的牙齿，可以用来挖掘地道。

我们**雪雁**冬天的时候在大平原上生活，每到夏天则飞往北极地区。

热带岛屿

夏威夷群岛远离大陆，坐落在太平洋的中间。这里的动物有些自古以来就居住于此，有些是许多年前和人类一起搬迁过来的。"外来户"安顿下来后，繁衍生息、各谋生路，和"本地人"并肩工作。

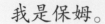

我是保姆。

我是
跳高运动员。

我叫**夏威夷僧海豹**。我不仅养育自己的孩子，也为别人照看孩子。

我叫**蝠鲼**（fú fèn）。我能跳出水面近3米，在空中拍拍双鳍"飞行"，然后扑通一声落入水中。

我是园丁。

我是
入室窃贼。

我们**绿海龟**啃食海草的叶尖，会让它们长得更加茂盛。

我叫**非洲野驴**，在夏威夷常常热得口干舌燥！没办法，我只好偷偷摸摸地溜进这座花园，喝池子里的凉水解渴……

我是小偷。

我是
飞虫克星。

嗯，那是我最爱吃的蛋！我得悄悄接近那个鸟巢才行……这难不倒我，我可是神偷**灰獴**。

我叫**夏威夷灰蓬毛蝠**，我的职责是追逐并驱赶蚊子、蠓虫儿和其他扰人的飞虫。

我是游客。

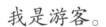

我是
滑翔冠军。

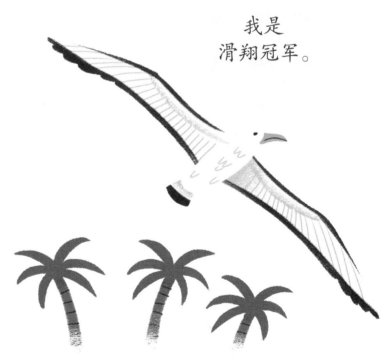

我的曾祖辈被人类带到夏威夷并关进了动物园，好在后来逃了出来！多亏了它们，现在我们**岩袋鼠**才能在这里自由自在地游逛。

我叫**信天翁**。我的翼展很大，我可以利用空气的浮力和气流在空中滑翔好几个小时，而不必扑扇翅膀。

湿 地

这片潮湿的芦苇地位于英格兰的萨默塞特郡，是许多动物的家园和工作场所。你看，天空中有成千上万只欧椋（liáng）鸟跳着整齐划一的集体舞，下方的水域里还有很多其他的动物在劳作。

我是
雪橇手。

我是贪玩的**欧亚水獭**。我喜欢把自己的身体当作旱地雪橇，顺着滑溜溜的泥岸滑进水里。

我是
特技飞行员。

无论猛扑、攀升、俯冲还是翱翔，我们成千上万只**欧椋鸟**都能做到行动一致。

我是露营者。

我现在是一只正在冬眠的毛毛虫，叶子就是我的被子。我在不久后就会变成**白蛱蝶**。

我是
高空秋千表演者。

我整天倒挂着也不会感到不舒服。我叫**小菊头蝠**。

我是追日族。

好冷！我叫**白头鹞**（yào）。我怕冷，总是飞往非洲过冬。

我是潜水员。

你说啥？我听不见……我叫**水鼩**（píng），耳朵里长着天然的耳塞，就算潜到深深的水下，也不怕耳朵进水。

我是
歌剧演唱家。

也许我看起来只是个棕色的小不点儿，但身为**宽尾树莺**的我很会唱歌——我那动听的歌声说不定能让你驻足倾听呢。

我是花样游泳运动员。

我们叫**凤头䴙䴘**（pì tī）。为了赢取雌性的芳心，雄性经常会跳别出心裁的水上舞蹈。

红树林

印度尼西亚有很多红树林，它们生长在介于海洋和陆地之间的潮间带，构成了独具特色的生态系统。红树的根能吸收盐分并淡化海水，树枝则高高地伸向湿润的空中。红树林既是天然的海水过滤器，又是种类繁多、大小不一的动物工作的场所。

对大多数鱼来说，干燥的陆地无异于另一个星球，无法在上面存活。不过我们**弹（tán）涂鱼**却能到陆地上生活，因为我们可以用储水的鳃囊呼吸。

我叫**招潮蟹**。我狼吞虎咽地往嘴里塞泥沙，用体内特殊的器官吸收养分，然后把剩余的成分团成小球吐出来，像沙雕一样摆在地上。

我叫**长鼻猴**。我喜欢爬到高高的红树上面，然后猛地跳进水里。

身为雄性**雪鹭**，我擅长用华丽的舞蹈吸引雌鹭的目光。

我是
守夜人。

我是
潮汐专家。

　　我叫**蛤蚧**（gé jiè），又称大壁虎，在夜里会发出"OK！OK！"的叫声。大家听到这种声音后，就知道一切正常，不必担心。

　　我在退潮时爬下树枝，涨潮时再爬上去。我叫**红树林蜗牛**。

我是
建筑工人。

我是忍者。

　　我叫**短耳犬蝠**。我用牙齿把红树的叶子啃成合适的形状，搭起完美的帐篷。

　　我叫**黄环林蛇**，行动起来悄无声息、招招致命——尤其擅长从树上突然落下，出其不意地扑向猎物。

深 海

如果不利用特制的潜水工具，人类无法在深海里存活。这里黑咕隆咚、冰冷刺骨、死气沉沉……咦？快看——那边的阴影里竟然闪着点点幽光！这边又浮现出了一条光带！原来，深海之下也有生命，漆黑阴冷的大洋深处仍有很多种动物在各司其职。

我是
模仿演员。

我是
拖网捕鱼者。

我第一眼看上去很像一条蛇，但我其实是**皱鳃鲨**，只是游动起来像蛇罢了。

我叫**吞噬（shì）鳗（mán）**。我喜欢张着大嘴——就像张开渔网一样——在海中游动，吞下游入口中的小鱼小虾等。

我是
深海潜水员。

我是
超级宅男。

我生活在大洋的极深处，因牙大而得名，长相恐怖！记住了，我叫**角高体金眼鲷**，俗称尖牙鱼。

我叫**软隐棘杜父鱼**，俗称水滴鱼。我身上既没有肌肉，也没有骨头，一天到晚都懒得动一下！

我是
斗篷怪客。

我是
飞钓高手。

我叫**幽灵蛸**（shāo）。我的腕足之间长着膜，把它们都张开，就会形成一个斗篷；腕足上还长着很多钉子一样的尖牙——人们管我叫吸血鬼乌贼。

我叫**马康氏蛙**（kuí）**鱼**，也叫太平洋蛙鱼。我的背鳍末端长着发光器，就像一根带饵灯的鱼竿，它能帮我把猎物吸引过来。

我是
设陷阱捕食者。

我是
芭蕾舞演员。

我叫**䲢**（téng）**鱼**，也叫瞻星鱼。我的捕食秘诀就是躺在沙子里，大张着嘴巴，等猎物游近了，就咔嚓一声闭上嘴巴困住它。

我叫**烟灰蛸**。因为翩翩起舞时的我很像动画片中的小飞象呼扇着耳朵，所以人们也叫我小飞象章鱼。

花　园

　　每当你推开自家后门，走到屋外，你就踏入了一片动物们的栖息地。如果你恰巧住在美国的华盛顿州，你不妨四下瞧瞧，院子里有哪些动物？它们都在做什么？和奋战在各行各业的人们一样，花园里的动物们也要养家糊口，为了更美好的明天而打拼。

我叫**浣熊**。我对新鲜事物充满好奇，喜欢把它们放在手里颠来倒去地研究。

我叫**七星瓢虫**。农民伯伯们都很喜欢我，因为我专吃害虫。

看我半闭着眼睛、躺在地上一动也不动，你肯定以为我"死翘翘"了。嘿嘿，那你就被我忽悠啦！我叫**负鼠**，当然你也可以称我为"影帝"。

快快快！趁美洲狮还没来，我得赶紧把这些吃掉！我们**鹿**的体内长着好几个胃，可以把食物先咽下去存起来，留待以后消化。

我是通讯员。

采蜜归来后，我们**蜜蜂**会用特有的"舞蹈语言"来告诉同伴花粉、花蜜的方位和距离。

我是
体操运动员。

我叫**蛞蝓**（kuò yú），俗称鼻涕虫。为了够到想去的地方，我可以把身体拉长20倍。

我是囤积狂。

我是
飞行员。

我叫**花鼠**。我在夏天疯狂地收集食物，这样到了冬天，我就能想睡就睡、想吃就吃，舒舒服服地猫冬啦！

我叫**蜂鸟**。在空中，我会悬停、转向、俯冲、急降……任何飞行动作都难不倒我。

动物名称索引

阿波罗绢蝶	28
阿尔卑斯旱獭（tǎ）	29
白蛱蝶	44
白鲸	24
白头海雕	20
白头鹞（yào）	45
白犀	8
白靴兔	25
斑鬣（liè）狗	9
豹猫	12
北极灯蛾	25
北极狐	25
北极熊	24
北美豪猪	32
北美水獭	21
草原犬鼠	36
草原松鸡	37
叉角羚	37
铲鲟（xún）	21
长鼻猴	48
长颈鹿	9
长鳍真鲔（huí）	20
刺毛虫	13
大象	8
单峰驼	16
淡水螯（áo）虾	21
东非狒狒	16
短耳犬蝠	49
非洲野驴	40
菲律宾菊头蝠	12
蜂鸟	57
凤头䴙䴘（pì tī）	45
蝠鲼（fú fèn）	40
负鼠	56
蛤蚧（gé jiè）	49
海绵	5
海参	4
河狸	32
河马	8
黑眶锯雀鲷（diāo）	4
红腹跳蛛	36
红树林蜗牛	49
虎鲸	24
花鼠	57
环海豹	25
浣熊	56
黄环林蛇	49
黄嘴山鸦	28
灰狼	33
灰獴	41
加拿大黑雁	33
加拿大猞猁（shē lì）	33
角高体金眼鲷	52
金雕	28

宽尾树莺	·············	45
蛞蝓（kuò yú）	·············	57
狼 蛛	·············	29
猎 豹	·············	8
裂唇鱼	·············	4
林 鸮（xiāo）	·············	13
林鸳鸯	·············	21
鹿	·············	56
路氏沙狐	·············	16
绿海龟	·············	40
马康氏蝰（kuí）鱼	·············	53
蛮 羊	·············	17
美洲狮	·············	32
美洲野牛	·············	36
蜜 蜂	·············	57
囊 鼠	·············	37
拟态章鱼	·············	5
欧椋（liáng）鸟	·············	44
欧亚水獭	·············	44
欧洲野兔	·············	29
七星瓢虫	·············	56
软隐棘杜父鱼	·············	52
山角蟾（chán）	·············	13
蛇 鹫（jiù）	·············	9
麝 猫	·············	12
麝 牛	·············	24
麝 鼠	·············	20
狮 子	·············	9
双冠鸬鹚（lú cí）	·············	20

水 螨（píng）	·············	45
弹（tán）涂鱼	·············	48
螣（téng）鱼	·············	53
条纹臭鼬（yòu）	·············	33
吞噬（shì）鳗（mán）	·············	52
鸵 鸟	·············	17
鼯（wú）鼠	·············	32
夏威夷灰蓬毛蝠	·············	41
夏威夷僧海豹	·············	40
小丑鱼	·············	4
小菊头蝠	·············	44
信天翁	·············	41
须野猪	·············	13
旋角羚	·············	17
穴 鸮（xiāo）	·············	36
雪 鹭	·············	48
雪 雁	·············	37
亚洲胡狼	·············	16
烟灰蛸	·············	53
岩袋鼠	·············	41
眼镜猴	·············	12
以色列金蝎	·············	17
鹦嘴鱼	·············	5
幽灵蛸（shāo）	·············	53
羱（yuán）羊	·············	29
招潮蟹	·············	48
皱鳃鲨	·············	52
装饰蟹	·············	5
棕 熊	·············	28

职业名称索引

芭蕾舞演员	53
保 镖	24
保 姆	40
背包客	29
编织工	36
铲运工	5
长跑健将	37
超级妈妈	24
超级宅男	52
潮汐专家	49
除害能手	16
地道挖掘工	25
定点跳伞达人	32
冬奥会选手	25
斗篷怪客	53
短跑健将	8
纺织工	13
飞虫克星	41
飞钓高手	53
飞行员	37/57
高空飞行员	28
高空秋千表演者	44
歌唱家	24
歌剧演唱家	45
格斗者	29
工程师	20
国 王	9

海藻农	4
航天员	48
花样游泳运动员	45
滑翔冠军	41
回收员	4
货车司机	16
家庭主妇	21
建筑工人	49
建筑师	32
剑 客	8
健身专家	20
教 师	16
景观设计师	8
咖啡农	12
开路先锋	36
矿 工	36
猎鹿者	32
领航员	33
露营者	44
旅馆老板	20
美发师	16
美容师	29
密 探	13
模仿演员	52
脑外科医师的助理	17
农场工人	56
奇装异服爱好者	25

潜水员	45		囤积狂	57
勤杂工	56		拖网捕鱼者	52
清洁工	5		伪装者	13
拳击手	29		舞蹈家	37/48
忍 者	49		"香水" 制作师	33
日光浴者	25		小 偷	41
入室窃贼	40		笑 星	9
沙雕艺术家	48		新闻记者	36
哨 兵	9		雪橇手	44
设陷阱捕食者	53		巡 警	12
社交达人	24		牙 医	4
绅士般的决斗家	17		演 员	56
深海潜水员	52		夜班园丁	8
时装设计师	5		艺 人	5
收藏家	37		音响师	12
守夜人	49		游 客	41
速食主义者	56		游泳运动员	21
跆拳道高手	17		渔 夫	28
特技表演者	28		园 丁	40
特技飞行员	44		越野滑雪手	33
体操运动员	57		杂技演员	48
天气预报员	17		针疗医生	32
跳高运动员	40		侦察员	13
跳水运动员	20		侦 探	21
跳远运动员	12		治安员	9
通讯员	57		终身伴侣	28
突击队员	33		追日族	45
徒步旅行者	21		最佳拍档	4

图书在版编目（CIP）数据

动物每天都在做什么？ / （美）温迪·亨特著；南非穆蒂工作室绘；
陈宇飞译 . — 青岛：青岛出版社，2023.6
ISBN 978-7-5736-1080-5

Ⅰ . ①动… Ⅱ . ①温… ②南… ③陈… Ⅲ . ①动物 – 儿童读物
Ⅳ . ① Q95–49

中国国家版本馆 CIP 数据核字（2023）第 057840 号

Copyright © 2018 Quarto Publishing plc
Text © 2018 Wendy Hunt
Illustrations © 2018 Muti
Simplified Chinese translation © 2018 Qingdao Publishing House
Original title: *What Do Animals Do All Day?*
First published in 2018 by Wide Eyed Editions, an imprint of the Quarto Group.
All rights reserved.

山东省版权局著作权合同登记号　图字：15-2017-341 号

DONGWU MEITIAN DOU ZAI ZUO SHENME?
书　　名	动物每天都在做什么？	
著　　者	［美］温迪·亨特	
绘　　者	［南非］穆蒂工作室	
译　　者	陈宇飞	
出版发行	青岛出版社（青岛市崂山区海尔路 182 号，266061）	
本社网址	http://www.qdpub.com	
邮购电话	0532-68068091	
责任编辑	梁　颖	
特约审订	冉　浩　何长欢	
排版设计	戊戌同文　王　瑶	
印　　刷	北京利丰雅高长城印刷有限公司	
出版日期	2023 年 6 月第 1 版　2023 年 6 月第 1 次印刷	
开　　本	8 开（965 mm×635 mm）	
印　　张	8.5	
字　　数	80 千	
印　　数	1-8000	
书　　号	ISBN 978-7-5736-1080-5	
定　　价	42.00 元	

编校印装质量、盗版监督服务电话：4006532017　0532-68068050
本书建议陈列类别：图画书